当诗词遇见科学

陈征 著

5

北京时代华文书局

图书在版编目（CIP）数据

当诗词遇见科学：全20册 / 陈征著 . — 北京：北京时代华文书局，2019.1（2025.3重印）

ISBN 978-7-5699-2880-8

Ⅰ. ①当… Ⅱ. ①陈… Ⅲ. ①自然科学－少儿读物②古典诗歌－中国－少儿读物 Ⅳ. ①N49②I207.22-49

中国版本图书馆CIP数据核字(2018)第285816号

拼音书名 | DANG SHICI YUJIAN KEXUE：QUAN 20 CE

出 版 人 | 陈　涛
选题策划 | 许日春
责任编辑 | 许日春　沙嘉蕊
插　　图 | 杨子艺　王　鸽　杜仁杰
装帧设计 | 九　野　孙丽莉
责任印制 | 訾　敬

出版发行 | 北京时代华文书局 http://www.bjsdsj.com.cn
　　　　　北京市东城区安定门外大街138号皇城国际大厦A座8层
　　　　　邮编：100011 电话：010-64263661 64261528
印　　刷 | 天津裕同印刷有限公司
开　　本 | 787 mm×1092 mm　1/24　　印　张 | 1　　字　数 | 12.5千字
版　　次 | 2019年8月第1版　　　　　印　次 | 2025年3月第15次印刷
成品尺寸 | 172 mm×185 mm
定　　价 | 198.00元（全20册）

自 序

　　一天，我坐在客厅的沙发上，望着墙上女儿一岁时的照片，再看看眼前已经快要超过免票高度的她，恍然发现，女儿已经六岁了。看起来她一直在身边长大，可努力搜索记忆，在女儿一生最无忧无虑的这几年里，能够捕捉到的陪她玩耍，给她读书讲故事的场景，却如此稀疏……

　　这些年奔忙于工作，陪孩子的时间真的太少了！

　　今年女儿就要上小学，放眼望去，小学、中学、大学……在永不回头的岁月中，她将渐渐拥有自己的学业、自己的朋友、自己的秘密、自己的忧喜，直到拥有自己的家庭、自己的人生。唯一渐渐少了的，是她还愿意让我陪她玩耍，给她读书、讲故事的时间……

　　不能等到孩子不愿听的时候才想起给她读书！这套书就源自这样的一个念头。

　　也许因为我是科学工作者，科学知识是女儿的最爱，她每多了解一个新的科学知识，我都能感受到她发自内心的喜悦。古诗词则是我的最爱，那种"思飘云物动，律中鬼神惊"的体验让一个学物理的理科男从另一个视角感受到世界的美好。当诗词遇见科学，当我读给孩子，这世界的"真""善"与"美"如此和谐地统一了。

书中的科学知识以一个个有趣的问题提出，目的并不在于告诉孩子答案，而是希望引导孩子留心那些与自然有关的细节，记得观察生活、观察自然；引导孩子保持对世界的好奇心，多问几个为什么。兴趣、观察和描述才是这么大孩子的科学教育应该做的。而同时，对古诗词的赏析，则希望孩子们不要从小在心里筑起"文"与"理"之间的高墙，敞开心扉去拥抱一个包括了科学、文化和艺术的完整的世界。

不得不承认，这套书选择小学语文必背的古诗词，多少还是有些功利心在其中。希望在陪伴孩子的同时，也能为孩子的学业助一把力。

最后，与天下的父母共勉：多陪陪孩子，趁着他们还没长大！

目 录

唐 王昌龄

chū sài
出塞

qín shí míng yuè hàn shí guān
秦 时 明 月 汉 时 关 ，

wàn lǐ cháng zhēng rén wèi huán
万 里 长 征 人 未 还 。

dàn shǐ lóng chéng fēi jiàng zài
但 使 龙 城 飞 将 在 ，

bú jiào hú mǎ dù yīn shān
不 教 胡 马 度 阴 山 。

1 出塞：曲名，内容多写戍边将士边塞生活。

2 龙城：又称卢龙城，当年是李广练兵之地，在今河北省卢龙县。

3 飞将：指汉代名将李广。匈奴畏惧他的神勇，称他为"飞将军"。

朝代更迭，人事兴衰，变化的东西太多了。然而，将士们来到边关，才发现秦汉以来的边关与明月并无变化，原来卫国戍边古已有之。许多将士守边御敌长久征战还未回还，也不知道他们能否击败敌人。假使龙城的飞将军李广尚在，绝不许胡人的兵马度过阴山。

月亮几岁了？

月亮是地球的卫星，就像孩子绕着妈妈一样，它围绕地球旋转，已达45亿多年之久。

在太阳系刚刚形成的时候，一颗原始的行星"忒伊亚"撞到了原始的地球上，地球自转轴因此发生倾斜，同时"忒伊亚"也被撞碎了，撞击发生的爆炸把比较轻的碎片抛出了地球，在地球周围形成了一个环状的碎片带。这些碎片长年累月地互相吸引、堆积、融合，逐渐形成了月球。

地球因为内部活动不断发热，在地壳下形成了滚烫的岩浆。当地壳板块发生运动时，有些地方的岩石沉入岩浆，熔化消失；而另一些地方的岩浆则凝固成新的岩石。因为这种"新陈代谢"，地球虽然已经有 45 亿多岁，但是地表的岩石最老的也只有 37 亿岁。月球内则几乎没有什么活动，上面的岩石也没什么变化，所以我们现在看到月面上的岩石，通常都比地球上我们身边的石头大几亿甚至几十亿岁。

时间是什么？

时间是世界上最难捉摸的东西之一，它看不见、摸不着，每个人却又都能感受到它。

很久以来，人们一直把时间看作在我们的空间之外静静流淌的河，它永远平静、均匀，和我们所在的空间没有关系，不论我们如何努力，也无法改变它流动的快慢，更不能改变它的方向。无数人曾经幻想过改变时间，回到过去，去看看秦汉时的明月与关城，但从来没有人能做到。

　　20世纪初，伟大的科学家爱因斯坦发现，时间和空间是有关系的。爱因斯坦提出的相对论告诉我们：如果跑得足够快，或者在黑洞那样引力足够强大的地方，时间就会变慢，甚至会逐渐停下它向前的脚步。

　　现代科学通过很多实验证明了爱因斯坦的说法是正确的，我们真的能够在科学的帮助下改变时间的快慢，虽然需要的条件非常苛刻。不过直到今天，想要让时间掉头，把我们带回到过去仍然是不可能的事情。

唐 王维

送元二使安西
sòng yuán èr shǐ ān xī

渭城朝雨浥轻尘，客舍青青柳色新。
wèi chéng zhāo yǔ yì qīng chén　kè shè qīng qīng liǔ sè xīn

劝君更尽一杯酒，西出阳关无故人。
quàn jūn gèng jìn yì bēi jiǔ　xī chū yáng guān wú gù rén

1 元二：诗人的一个朋友。

2 使：出使。

3 安西：唐代中央政府为统辖西域地区而设的安西都护府的简称，治所在龟兹城，今新疆维吾尔自治区库车县。

4 渭城：今陕西西安西北。

5 浥：湿润。

6 阳关：故址在今敦煌市西南，古代跟玉门关同是出塞必经关口。因在玉门关之南，故称阳关。

一夜长谈，一夜畅饮，元二兄弟到底还是得走了。清晨，推开旅舍的门，我看到一幅清新美丽的图景：天空中飘着的蒙蒙细雨打湿了路上的尘埃，青砖绿瓦的旅舍与周围的柳树显得愈加清新明朗。考虑到离开阳关，元二兄弟再难见到老朋友，此情此景，我百感交集，也不知说些什么，只得给元二兄弟斟满酒杯，请他再喝一杯离别酒了，愿他出使安西一路顺风。

为什么雨后空气特别清新？

一般空气中飘浮的灰尘最高也就能达到几百米，而雨水从上千米高的云中落下，从上到下把空气中的灰尘、细菌、杂质等冲刷得干干净净，平时那些对嗅觉产生刺激的东西被一扫而空，于是我们就会觉得空气的味道和平时不太一样。

与此同时，雨水和空气的摩擦也会让空气中的一部分氧气带电，使得地面附近带负电的氧离子变多，让人觉得舒适。如果是雷雨，闪电时带电的氧气会更多，这种感觉会更明显。

下雨时往往可以闻到泥土的味道。科学家研究发现，这是因为雨水落在地上时，能飞溅出几百个小水滴，泥土中的一些放线菌和它们的孢子随着这些小水滴飘进了空气，被我们吸进鼻子里，于是就有了泥土的味道。

下雨后为什么植物会变得鲜艳？

当组成白光的色光中有些变得非常少，而另一些很多时，我们就会觉得颜色鲜艳。比如叶绿素能吸收红色和蓝色的光，反射光中红色和蓝色就很少，剩下大量绿光。所以我们看到叶子是鲜艳的绿色。

气孔

通常植物的叶子表面不会像镜子那么平整，总会有些粗糙。即便是像芭蕉、冬青这样看上去表面很光滑的叶子，如果用显微镜去看，上面也有气孔之类的凹凸状。有些叶子上还长有茸毛，或是分泌一些油脂。叶子上面的茸毛和油脂会把空气中的灰尘吸附在叶子表面，灰尘不像叶子那样吸收红色和蓝色的光，只反射绿光，而是比较平均地反射所有颜色的光，于是反射光中绿色相对其他颜色就不那么明显，看上去颜色就会显得灰暗。

　　雨后，雨水冲刷掉了叶子表面吸附的灰尘，使叶子显现出本来的颜色；同时，残留在叶子上的水还填满了叶面上的微孔，让叶面变得更光滑，光的反射更充分。所以雨后的叶子看起来比平时干净的叶子还鲜艳。

　　花也是同样的道理，只不过不同的花反射光的颜色有所不同。

唐 王维

九月九日忆山东兄弟
jiǔ yuè jiǔ rì yì shān dōng xiōng dì

独在异乡为异客，每逢佳节倍思亲。
dú zài yì xiāng wéi yì kè   měi féng jiā jié bèi sī qīn

遥知兄弟登高处，遍插茱萸少一人。
yáo zhī xiōng dì dēng gāo chù   biàn chā zhū yú shǎo yì rén

1 九月九日：农历重阳节。

2 山东：王维迁居于蒲县（今山西省永济市），在华山以东，所以称山东。

3 登高：古有重阳节登高的风俗。

4 茱萸：一种香草。古人认为重阳节扎茱萸袋、登高饮菊花酒，可以避灾。

译
文

我孤身一人在长安谋求功名，终日忙碌，在这里待得越久，越感到孤独无依。旅居长安，在重阳节这天，自然更加思念家中的亲人。今天兄弟们身佩茱萸、登高远眺，一定快乐极了，但是考虑到独在长安的我，也会有些遗憾吧？我多想即刻飞到家乡，与大家团聚啊！

茱萸是什么？

中国是美食的国度，伴随着自然地理和历史演变，辽阔的国土上孕育出了成千上万种美食。其中相当一部分美食是与辣椒分不开的，四川的火锅、西北的油泼辣子、湖南的剁椒、云贵的辣酱、东北朝鲜族的辣白菜……不一而足。可是你知道吗？辣椒是原产于中美洲的物种，明朝的时候才传入中国，在这以前我们祖先吃的辛辣味食物，是用茱萸作为调料的。

茱萸花

叫作茱萸的植物其实有好几种，有山茱萸、吴茱萸、食茱萸、草茱萸，等等，它们虽然长得很像，但实际上别名和功用各不相同。被当作辣椒使用的是其中的食茱萸，也叫越椒。在古代，食茱萸、花椒和姜是最重要的调料，它们并称为"三香"。

茱萸能够分泌出一些有刺激性又很容易挥发的汁液，所以也常被古人做成香囊来驱虫。重阳节登高插茱萸的习惯，从实用的角度看，很有可能是为了驱赶蚊虫的。

山茱萸

出远门时，为什么我们会想念家人？

　　思念的情绪其实是对以前美好记忆的一种向往。我们从小长大的环境，呵护、陪伴我们长大的家人，都是我们最熟悉的事物，这种熟悉会给人以安全感和亲切感。尤其是小时候有家人的照顾，不需要面对诸多生活上的困难。而当我们离开家乡和亲人，来到一个陌生的环境中时，常常遇到困难、挫折，感到孤单，这种情况和小时候的无忧无虑形成了鲜明的对照，我们不由得就产生了对过去美好记忆的向往，这就是思念。

目前的科学还没法告诉我们情绪究竟是怎么工作的，只知道它受到各种激素的影响。思念在生理上可能是这样的：当我们和熟悉的家人、喜欢的爱人在一起时，体内会分泌更多带来安全感、幸福感或是愉悦感的激素，比如内啡肽、多巴胺、肾上腺素之类，这些激素使得人体处在比较积极的状态。当人体中的这些激素比较少的时候，人就会感到低落，这时大脑会模拟以前的场景来刺激激素分泌，于是就产生了思念和回忆。

科学思维训练小课堂

① 除钟表外，你还可以用哪些物件来计算时间呢？

② 关于下雨，你还能想到哪些古文与古诗？

③ 记录月亮的变化，看看书中的月相（第9页）分别出现在每个月的哪些天。

扫描二维码回复"诗词科学"

即可收听本书音频